はじめに

1巻、2巻と身近な帰化植物を見てきましたが、ここで今一度考えてみたいと思います。「帰化植物」ってなんでしょう。本来、外国とか日本とか、国という区切りは人間の都合であって、植物などほかの生き物にとっては国境などありません。地球全体がひとつの単位であるはずです。植物はその中で人間よりずっと昔から生き続け、それぞれの環境に適応しながら進化してきました。日本は島国ですから、自分で動けない植物の中には、島国ならではの進化をしてきたものもあります。それはそれで大切に見つめていかなければなりませんが、人が植物を移動させることもふくめ、人間生活が植物やほかの生物に影響をおよぼすことがさけられない現代では、人間が作り出す環境の変化を地球単位でとらえていくべき時代に入ってきています。身近な帰化植物を知ることも地球を知ることなのです。

もくじ

アメリカセンダングサの花。花びらのように見えるのは総苞片。

外国から来た植物について

外国から来た植物（外来種）のうち、最初は人が持ちこんだのに、人が育てなくても自然に生えてきて、すっかり日本にすみつくようになった植物（野生種）を「帰化植物」といいます。帰化植物はさらに、

①弥生時代あたりまでに米や麦などの作物に混ざって中国などから持ちこまれた「史前帰化植物」。

②それ以後、江戸時代までに入ってきた「旧帰化植物」。

③江戸時代末期に鎖国が終わってから現在までに入ってきた「新帰化植物」。

この3つに分けられることがあります。*

このうち史前帰化植物は日本にすみついてから長い時間がたっているので、この本では在来種としてあつかい、旧帰化植物と新帰化植物を帰化植物として話を進めたいと思います。

これまでの時代とくらべても現代は、海外との行き来が盛んになるばかりですし、それにともなって野菜や穀物、牧草、園芸植物などの輸入もふえて、今では帰化植物は1,000種以上もあるのではないかといわれています。その中には人の役に立っているものや、親しまれているものもあれば、逆にふえすぎて困っているものや、在来種を追いやってしまっているものもあります。しかし、いずれにせよ、帰化植物からすれば知らない土地に連れてこられて、ただいっしょうけんめい生きているだけかもしれません。もともと人が持ちこんだものですから、うまくつきあっていく方法を考えていかなければならないでしょう。外国から来た植物に目を向けることは、人間生活や環境や自然について考えることにもつながっているのです。

＊外来種や帰化植物の分け方は諸説あります。

4

この本の使い方

青字で表記した植物は、外来種・帰化植物。

赤字で表記した植物は、日本に自生する在来種。

自然状態で生育している環境写真。

●分類
植物の仲間分けのこと。本書では科名とそれより小さな仲間分けの属名を紹介。

●花期
花の咲く時期。日本列島は南北に長く、地域によって咲く時期が異なるため6〜8月というように幅をもたせて表示。

●原産地
外来種・帰化植物の原産地。野生種として自然分布している地域。

●渡来時期
外来種・帰化植物が日本に渡ってきた時期。

●分布
日本列島を「北海道、本州、四国、九州、沖縄」の5ブロックに分け、野生種が生育している地域を紹介。

植物のおもしろ情報をイラストで楽しく紹介。

植物の花のつくり

キショウブの花のつくり

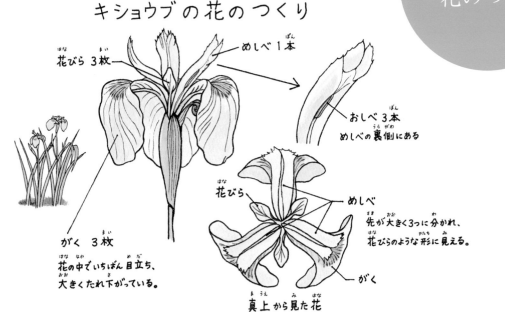

花びら 3枚

めしべ 1本

おしべ 3本
めしべの裏側にある

がく 3枚
花の中でいちばん目立ち、大きくたれ下がっている。

花びら

めしべ
先が大きく3つに分かれ、花びらのような形に見える。

がく

真上から見た花

郊外へ足を踏み出すと、田んぼや畑、川や池や沼といった変化に富んだ環境に出会うことができます。以前はこうした丘陵地（低い山や丘）や田畑などでは人の生活の場と自然が一体になって「里山」とよばれる環境ができあがっていました。今でもそのなごりは雑木林や田畑のまわりに残っていることでしょう。また、お寺の境内や神社の鎮守の森でも日本の本来の自然の一部を感じることができます。こうした郊外の環境は、新しい都市の環境よりなれていることもあって、在来種が元気です。でも、そこでも新しい土地で生きのびようとする外来種とのはげしい競争がおこっています。郊外で見られるいろいろな植物をじっくり観察してみましょう。

植物環境マップ
田んぼ・畑・川

ヨウシュヤマゴボウ

ホテイアオイ

セイタカアワダチソウ

アメリカセンダングサ

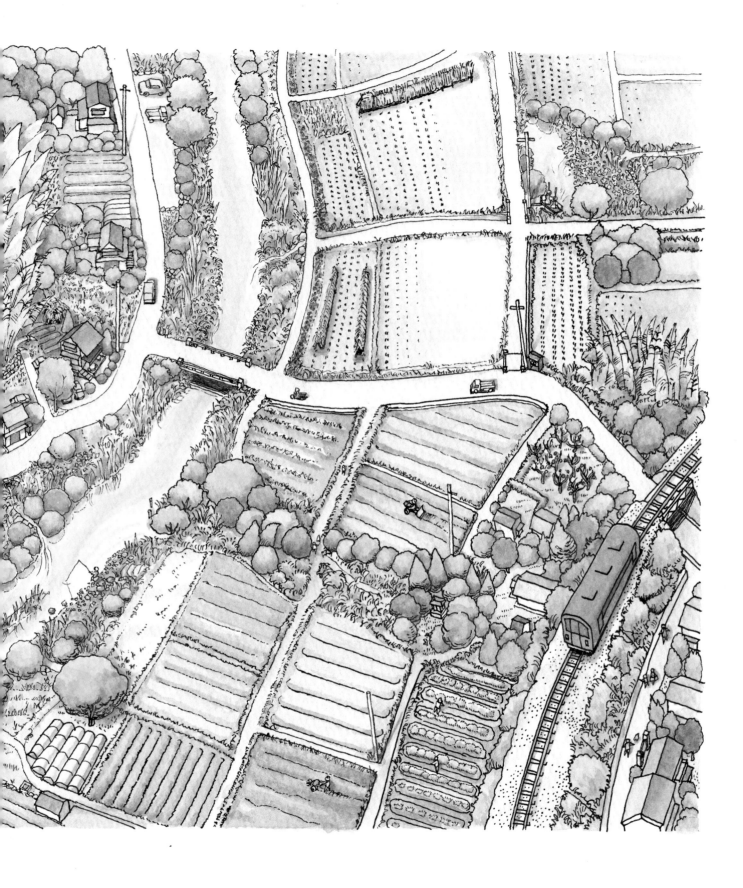

1900年ごろに切り花用に輸入された北アメリカ生まれの背の高い草です。根からほかの草の成長をおさえる成分を出して自分が育つ場を確保する性質があり、第二次世界大戦後に爆発的にふえ、各地の空き地や埋め立て地などに群生しました。しかし、その成分が自分にも効いて、今では一時よりは数が減ったようです。

2mを超える
背高植物！

セイタカアワダチソウ

外来種

●分類：キク科・
アキノキリンソウ属
●花期：8 〜 11月
●原産地：北アメリカ
●渡来時期：明治時代

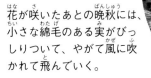

花が咲いたあとの晩秋には、小さな綿毛のある実がびっしりついて、やがて風に吹かれて飛んでいく。

あまり
見かけなくなった
日本の秋の花

在来種

●分類：キク科・アキノキリンソウ属
●花期：8 〜 11月
●分布：北海道、本州、四国、九 州

アキノキリンソウ

秋に林縁などに咲く背丈0.5 〜
1mほどの在来種です。花数が少
なく、大きな群れを作ることもな
いので、外来種とくらべると地味
ですが、山道に咲く黄色い花は風
情があります。花がお酒を作ると
きの泡に似ているところから「ア
ワダチソウ」の別名があります。

オオアワダチソウ

セイタカ
アワダチソウよりも
背は低い！

セイタカアワダチソウに似ていますが、少し
背が低くて花の茎の先端がたれているのが特
徴です。花の時期も早く、夏に咲きます。

外来種

●分類：キク科・
アキノキリンソウ属
●花期：7 〜 9月
●原産地：北アメリカ
●渡来時期：明治時代

9

オオオナモミ

これぞ
ひっつきむしの
代表！

北アメリカ生まれで大きいものは草丈が人の背丈くらいになります。やや湿った空き地や田んぼの周辺などによく群生しています。実にはかぎ爪のあるトゲがあって、衣服やけものの毛にくっついて運ばれる「ひっつきむし」とよばれる仲間です。

●分類：キク科・オナモミ属
●花期：8〜11月
●原産地：北アメリカ
●渡来時期：昭和時代

外来種

イガオナモミ

外来種

●分類：キク科・オナモミ属
●花期：7〜10月
●原産地：不明
●渡来時期：昭和時代

いちばん大きな
ひっつきむし

海岸付近や荒れ地などに多く、実はオオオナモミよりさらに大きく丸っこい感じで、かぎ爪のあるトゲにさらに細かい毛のようなトゲが生えているのが特徴です。葉も若い実もほかのオナモミの仲間より黄緑がかる傾向があります。

在来種のオナモミは大昔に中国から来た史前帰化植物ではないかと考えられています。それが今では新しい時代に入ってきた外来種のオオオナモミやイガオナモミにおされてか、ほとんど見かけなくなりました。

オナモミ

夏から秋に茎の先に黄緑色の花をつける。雄花は球状で、その下に雌花がつく。

激減した
日本のオナモミ

イガオナモミ　オオオナモミ　オナモミ

オナモミの実がいちばん小さくてトゲの数も少なめ。

強力な ヒッツキ虫

動物の毛や人間の衣服にくっついて分布を広げる植物の種を ひっつきむし と呼んでいます。その代表が オナモミです。

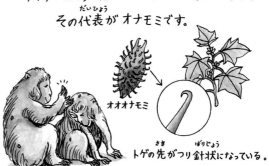

オオオナモミ

トゲの先がつり針状になっている。

11

アメリカセンダングサ

どこにでも生える
強い雑草

実には2本のトゲがあり、それにさらに下向きのかぎ爪が生えていて、衣服にくっつく。

外来種

●分類：キク科・センダングサ属
●花期：9〜10月
●原産地：北アメリカ
●渡来時期：大正時代

田んぼの周辺や湿り気のある道端などに生えるキク科の草で、実はかぎ爪のある2本のトゲで衣服にくっつく「ひっつきむし」とよばれる仲間です。黄色い花のまわりにある緑の花びらのように見えるものは、「総苞片」とよばれる葉の一種です。

コセンダングサ

センダングサより
小さいのが
名前の由来

外来種

●分類：キク科・センダングサ属
●花期：9〜10月
●原産地：南アメリカ
●渡来時期：江戸時代末期

道端や荒れ地でよく見られる帰化植物で、アメリカセンダングサに似ていますが、花の下の花びらのように見える葉（総苞片）は小さくて目立ちません。白い花びらのあるものをシロノセンダングサといいます。

大昔に日本に来た史前帰化植物といわれ、在来種としてあつかわれることが多いのですが、最近ではよりあとから入ってきた仲間（12ページ）におされて、あまり見かけなくなりました。葉がセンダンの木の葉に似ているのが名前の由来です。

在来種

● 分類：キク科・
センダングサ属
● 花期：9 〜 10月
● 分布：本州、
四国、九州

あまり
見かけなくなった
在来種

センダングサ

大昔に米の伝来とともに入ってきた史前帰化植物といわれています。田んぼに生えて、葉がウコギの木の葉に似ているのが名前の由来です。花はアメリカセンダングサによく似ていますが大きめで、草丈は低めです。

在来種

● 分類：キク科・
センダングサ属
● 花期：8 〜 10月
● 分布：日本全土

アメリカ
センダングサに
花がそっくり！

タウコギ

1892年に東京ではじめて見つかったヨーロッパ生まれの帰化植物ですが、今では日本中で見られます。ノゲシよりトゲがあって荒々しく、名前に「オニ」とつきました。

トゲがかたく、さわると痛い!

オニノゲシ

●分類：キク科・ノゲシ属
●花期：5 〜 10月
●原産地：ヨーロッパ
●渡来時期：明治時代

葉は荒々しいものの、花びらや綿毛はノゲシより細く繊細。

昭和時代に牧草として輸入されたヨーロッパ生まれの帰化植物で、各地で見られます。茎の先に花は3 〜 7個で、在来種の1 〜 3個より多くつくので区別できます。

●分類：マメ科・ミヤコグサ属
●花期：4 〜 10月
●原産地：ヨーロッパ
●渡来時期：昭和時代

セイヨウミヤコグサ

ミヤコグサと見分けるのが難しい外来種

古い時代に麦の伝来とともに入ってきた史前帰化植物といわれています。新しく入ってきたオニノゲシも同じようなところに生えているので、最近は雑種もできています。

ケシの名を
持つけれど
キクの仲間

ノゲシ

- ●分類：キク科・ノゲシ属
- ●花期：5〜8月
- ●分布：日本全土

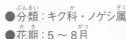

アキノノゲシ

米とともに日本に来た史前帰化植物です。ノゲシが春から咲くのにたいして秋に咲くのが名前の由来です。

麦とともに入ってきた史前帰化植物です。海岸付近や空き地などに地をはうように群生し、黄色いマメ科特有の花を咲かせます。花のあと、小さなさやの豆がなります。

- ●分類：マメ科・ミヤコグサ属
- ●花期：4〜10月
- ●分布：日本全土

ミヤコグサ

地面をはって
広がる
黄色い野の花

●分類：ウリ科・
アレチウリ属
●花期：8〜9月
●原産地：北アメリカ
●渡来時期：昭和時代

つるは
どんどんのびて
10m以上
にも成長！

雄花

雌花

アレチウリ

北アメリカ生まれのウリ科のつる植物で、その名のとおり荒れ地などでほかの植物をおおいつくす勢いでしげります。成長速度はとても早く、生命力が強いといわれるクズまでもおおいつくすことがあります。実にはするどいトゲがあります。

アレチウリとクズのせめぎ合い

帰化植物のアレチウリはクズと同じ場所に生え、同じようにツルを伸ばして他の植物にからみつきます。時には、写真のようなせめぎ合いを目にすることがあります。

木々をおおって繁茂したクズをもおおいつくす勢いのアレチウリ。

●分類：マメ科・クズ属
●花期：8〜9月
●分布：北海道、本州、
四国、九州

クズ

日本の代表的なつる植物のひとつで、林縁をおおって群落を作ります。根からはデンプンや薬がとれ、くずもちやかぜ薬の葛根湯は有名です。最近では海外に渡って帰化したクズがはびこりすぎて問題になっているともいわれています。

根からとれる
デンプンは
くずもちの原料！

フジの花を立たせたような、紫がかった紅色の花。下から順に開き、グレープジュースのような香りがする。

在来種のオドリコソウ（草丈30〜50cm）
よりだいぶ小さい（10〜25cm）ので、名
前に「ヒメ」とつきました。群生して花の
まわりの葉が赤紫色に色づくのが特徴です。

ヒメは「姫」。
小さくて
かわいいこと！

ヒメオドリコソウ

- 分類：シソ科・オドリコソウ属
- 花期：3〜5月
- 原産地：ヨーロッパ
- 渡来時期：明治時代中期

薬草のゲンノショウコの仲間で、花や実は
よく似ています。ナス科の野菜といっしょ
に植えると青枯れ病という病気を防いでく
れるといわれています。

道端で
見かける、
ゲンノショウコ
の仲間

アメリカフウロ

- 分類：フウロソウ科・フウロソウ属
- 花期：4〜9月
- 原産地：北アメリカ
- 渡来時期：昭和時代初期

土手やあぜ道などに小さな群れで生える草です。葉のつけ根から咲く白やうすい紅色の花が茎を丸く取り囲み、その姿はまるで輪になって踊る踊り子のように見えます。

花の形を
踊り子に
見立てた名前

オドリコソウ

●分類：シソ科・オドリコソウ属
●花期：4〜6月
●分布：北海道、本州、四国、九州

お腹をこわしたときなどにこれを飲むとすぐ治るのが、この薬草が効くことの「現の証拠」だということで名前がついた、有名な薬草です。あぜ道や草原で見られます。

夏から秋に
次々に咲く
かわいい花！

ゲンノショウコ

関西には赤花、関東には白花が多い。

●分類：フウロソウ科・フウロソウ属
●花期：8〜10月
●分布：日本全土

19

なよなよしたクサフジという意味の名前でしょうが、在来種のクサフジよりもたくましいほどの生命力を持ったつる性の草で、街中から郊外まであちこちで見かけます。

花の筒状の部分が長く、柄は下がわにある。

日本全国に勢力を拡大中！

ナヨクサフジ

- ●分類：マメ科・ソラマメ属
- ●花期：4〜6月
- ●原産地：ヨーロッパ
- ●渡来時期：昭和時代

日本には黄色い花のアヤメ科の植物がなかったので、そのめずらしさから明治時代に輸入され、それが各地の水辺に広がりました。水をきれいにするといわれています。

カキツバタとほぼ同じ時期に咲く黄色い花

キショウブ

- ●分類：アヤメ科・アヤメ属
- ●花期：4〜5月
- ●原産地：ヨーロッパ
- ●渡来時期：明治時代

野原や土手などでほかの草にからみながら、フジの花を小さくしたような花の集まりを上向きにつけます。ナヨクサフジより郊外で見かけることが多いようです。

ナヨクサフジより
花の色がうすい在来種

クサフジ

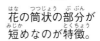

花の筒状の部分が
短めなのが特徴。

●分類：マメ科・ソラマメ属
●花期：5〜9月
●分布：北海道、
本州、四国、九州

●分類：アヤメ科・
アヤメ属
●花期：5〜6月
●分布：北海道、
本州、四国、九州

キショウブと同じ
環境に生える
青紫色の花

カキツバタ

アヤメ科の花の見分け方
違いが分かると楽しいね！

アヤメ
花びらの中央が網目模様。

ノハナショウブ
花びらの中央が黄色。

カキツバタ
花びらの中央が白いやり型。

キショウブ
花びら全体が黄色。
中央に茶色のすじ模様。

アヤメ科の在来種のひとつで、各地の湿地や水辺に生えます。この仲間はよく似ていますが、いちばん大きな花びら（正確にはがく）の真ん中の色や形で区別することができます。

21

北アメリカ生まれのマメ科の植物で、花も実も在来種のヌスビトハギより大きいのでよく目立ちます。花は正面から見ると目のようなもようがあり、動物の顔のようです。

花をくらべて大きいのが外来種！

アレチヌスビトハギ

● 分類：マメ科・ヌスビトハギ属
● 花期：7〜10月
● 原産地：北アメリカ
● 渡来時期：明治時代末期

庭から道端や荒れ地まで生える南アメリカ生まれの丈夫な草です。葉の表は緑色ですが裏がわはびっしり生えた毛で白く見えます。葉の縁が波うっているのも特徴です。

ウラジロチチコグサ

日本全国
どこでも見られる外来種

● 分類：キク科・ハハコグサ属
● 花期：5〜9月
● 原産地：南アメリカ
● 渡来時期：昭和時代

花は3mmほどで、よく見るとしっかりマメ科の花の形をしているのが分かります。実の平たいさやの表面には小さなトゲがあって人の衣服にくっつきます。

小さいけれど
よく見ると美しい
在来種

ヌスビトハギ

- ●分類：マメ科・ヌスビトハギ属
- ●花期：7〜9月
- ●分布：日本全土

ヌスビトハギの名前の由来

盗人が忍び足で歩いた足跡に似ているため。

ヌスビトハギの実

昔の泥棒は靴ではなく地下足袋という履物をはいていました。

在来種

葉も茎も細い小さな草で、全体に白い毛が多いため、茎と葉裏は白く見えます。花びらのない茶色い地味な花なので、ハハコグサの黄色い花のようには目立ちません。

チチコグサ

- ●分類：キク科・ハハコグサ属
- ●花期：5〜10月
- ●分布：日本全土

花の形は
おもしろいけれど、
とても地味な在来種

春の七草のゴギョウとしておなじみのハハコグサは、大昔に中国から来た史前帰化植物といわれています。

ハハコグサ

マツヨイグサ（ツキミソウ）の仲間

オオマツヨイグサ

●分類：アカバナ科・マツヨイグサ属
●花期：6〜9月
●原産地：北アメリカ
●渡来時期：明治時代

外来種

日暮れとともに咲きはじめる黄色い花の直径は約8cmもあって、日本で見られるマツヨイグサの仲間でいちばん大きな花です。花は翌朝に日が昇るとしおれますが、しおれたあと赤くなることはありません。

マツヨイグサ

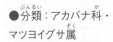

●分類：アカバナ科・マツヨイグサ属
●花期：5〜9月
●原産地：南アメリカ
●渡来時期：江戸時代

外来種

江戸時代に花を楽しむために輸入されたといわれるマツヨイグサの仲間では、いちばん古い帰化植物です。海岸や道端に春になると咲きはじめ、黄色い花はしおれると赤くなるのが特徴です。

メマツヨイグサ

●分類：アカバナ科・マツヨイグサ属
●花期：6〜9月
●原産地：北アメリカ
●渡来時期：明治時代

外来種

北アメリカ生まれの帰化植物で明治時代に日本に入ってきましたが、今ではコマツヨイグサとともに最もよく目にするマツヨイグサの仲間です。花はしおれたあとも赤くなりません。

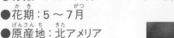 ヒルザキツキミソウ

 外来種

● 分類：アカバナ科・マツヨイグサ属
● 花期：5〜7月
● 原産地：北アメリカ
● 渡来時期：大正時代

黄色い花のマツヨイグサの仲間の花は、みな夜に咲いてガの仲間が花粉を運びますが、このヒルザキツキミソウはその名のとおり、昼間に咲いてハチやチョウに花粉を運んでもらいます。

 コマツヨイグサ

外来種

● 分類：アカバナ科・マツヨイグサ属
● 花期：5〜10月
● 原産地：北アメリカ
● 渡来時期：明治時代

 ユウゲショウ

外来種

● 分類：アカバナ科・マツヨイグサ属
● 花期：5〜9月
● 原産地：北アメリカ
● 渡来時期：明治時代

小形ではうように茎を横へのばして広がります。マツヨイグサの仲間は冬には葉を花のような形に広げて（ロゼット）冬をこしますが、コマツヨイグサのロゼットは切れこみのある複雑で美しい形です。

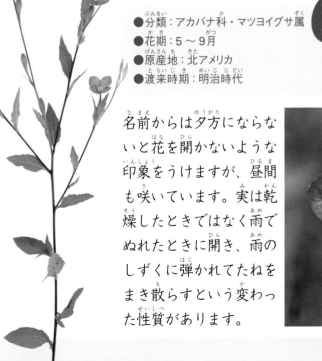

名前からは夕方にならないと花を開かないような印象をうけますが、昼間も咲いています。実は乾燥したときではなく雨でぬれたときに開き、雨のしずくに弾かれてたねをまき散らすという変わった性質があります。

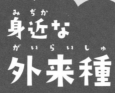

身近な外来種

オオキンケイギク

初夏に咲く
コスモスに
似た花

外来種

●分類：キク科・ハルシャギク属
●花期：5～7月
●原産地：北アメリカ
●渡来時期：明治時代 中期

明治時代に花を楽しむために輸入され、庭などに植えられましたが、そのあと、高速道路ののり面*緑化などでたねがまかれ、急速に野生化が進みました。草丈は30～70cmで花の直径は5～7cm。一重咲きから八重咲きまであります。

外来種

ヨウシュヤマゴボウ

●分類：ヤマゴボウ科・ヤマゴボウ属
●花期：6～9月
●原産地：北アメリカ
●渡来時期：江戸時代

食べられ
そうだけれど、
実から根まで
みんな有毒！

枝分かれしながら成長し、2m近くにもなる大きな草です。山菜のヤマゴボウはキク科のモリアザミの根ですが、このヤマゴボウ科のヨウシュヤマゴボウは毒があって食べられません。

レンゲソウ

昔は田んぼの肥料として育てていた！

●分類：
マメ科・ゲンゲ属
●花期：4〜5月
●原産地：中国
●渡来時期：室町時代

外来種

稲作に化学肥料が使われる前は、春の田んぼは一面このレンゲソウの花で赤紫色のじゅうたんをしきつめたようでした。花後、そのまま田んぼの土に混ぜて肥料にしていたのです。室町時代に中国から入ってきたといわれています。

ミツバチとレンゲソウの秘密

レンゲソウにミツバチがやってくると下の花びらがミツバチの重さで下がり奥にある蜜が吸えます。

その時おしべが出てきてミツバチの体に花粉が付きます。

●分類：ゴマノハグサ科・モウズイカ属
●花期：7〜8月
●原産地：ヨーロッパ、北アフリカ
●渡来時期：明治時代

外来種

全国に広がっている不思議な形の外来種

ビロードモウズイカ

街中の道端から高速道路ののり面*や山地の岩場まで、わずかな割れ目やすきまがあればどこにでも生えてくる丈夫な草です。葉はビロードのような手触りで雄しべに毛があるのが名前の由来です。ヨーロッパではマレインの名でハーブとしても親しまれています。

*のり面：土を切りとったり、盛ったりして人工的に作った斜面。 27

●分類：ヒユ科・
ツルノゲイトウ属
●花期：4 〜 10月
●原産地：南アメリカ
●渡来時期：不明

茎はとても長く
50cm〜1m
にもなる

ナガエツルノゲイトウ

南アメリカ生まれの水草で、日本では水そうなど
で育てられていたものが屋外で野生化しました。
1989年に兵庫県で見つかって以来、各地の水辺
に広がっています。ある程度の乾燥にも耐え、田
んぼやあぜ道に生えることもあります。

茎を水面上にのばしながら節の部分か
ら根を出してふえ、水の上にマットを
しいたように群生する。

28ページのナガエツルノゲイトウと同じような水辺の環境に生えますが、こちらの方が上にのびる性質が強くて、草丈は50〜150cmになります。水草の多くがそうですが、茎の一部がちぎれてもそこから根を出して成長する強さがあります。

花は
かわいいけれど、
ふえすぎて
栽培禁止に！

外来種

ミズヒマワリ

●分類：キク科・ミズヒマワリ属
●花期：8〜10月
●原産地：中央・南アメリカ
●渡来時期：昭和時代

ホテイアオイ

メダカが大好きな
浮き袋のある水草

水に浮かぶ秘密

ホテイアオイの葉柄は浮袋のようにふくらんでいます。
このため水の上に浮かんでいることができます。

金魚鉢や池に浮かせて、そのかわいい葉ときれいな
花を楽しんでいたものが、沼やため池、流れのゆる
やかな水路などに野生化しています。葉の柄がふく
らんで空気をためて浮き袋の働きをしています。

外来種

●分類：ミズアオイ科・
ホテイアオイ属
●花期：7〜10月
●原産地：南アメリカ
●渡来時期：明治時代

●分類：オオバコ科・
クワガタソウ属
●花期：4～9月
●原産地：ヨーロッパ、
アジア北部
●渡来時期：不明

外来種

春の川原で
目立ちはじめた
うす紫色の花

田んぼやハス田、川岸などに生えて、よく群生しています。ヨーロッパからアジア北部にかけてがふるさとの帰化植物で、在来種のカワヂシャより全体に大きめで、最近ではこの両者の雑種であるホナガカワヂシャもふえてきています。チシャとはレタスのことです。

オオカワヂシャ

オランダガラシ

クレソンとかウォータークレスともよばれ、ハンバーグなどにそえられるハーブです。ヨーロッパ生まれで、各地のきれいな流れなどに野生化しています。

31